什么是什么 德国少年儿童百科知识全书

溶洞奇观

[德] 雷纳·科特 / 著

[德] 马里奥恩·威克曹立克　等 / 绘

陈华实 / 译

长江出版传媒 ｜ 湖北教育出版社

前 言

隐蔽的地下迷宫、怒吼咆哮的洞穴暗河、从未被电石灯照亮过的庞大而昏暗的岩洞，还有日复一日的攀登，在岩石碎块中攀爬，在湿冷泥浆中匍匐前进，以及突然升起的水流造成的危险……这就是现代人类的探险活动——洞穴探险。

进入岩洞仅仅几米，便能感觉到静寂与孤独。没有任何声音能够穿透深厚的岩壁而抵达洞穴深处。不管是身背数千克的充水虹吸瓶在暗河险隘中迂回前进，还是在浓雾弥漫的黑暗冰洞中摸索向前，抑或是身着全套探险装备、不顾暗流喷涌的巨大冲击走向泉眼，洞穴探险者始终抱有这样一个信念：继续克服下一个障碍，去考察某处岩石裂缝是否会变宽而成为一个岩洞，以及某个传说中人类从未见过的森林里是否有钟乳石存在。

洞穴是一个拥有自己的气候、动植物以及生态规律的独立世界。洞穴中气象万千：河流为它打开通道，岩层从洞穴顶部剥落，钟乳石交错生长。同时，洞穴也是一个博物馆，它保存了早期人类的骨骼和他们的绘画，以及几个世纪前与气候相关的数据，记录了历史的变迁。

本册《溶洞奇观》将描述洞穴的迷人与危险之处，介绍地下世界的首个发现者，讲解钟乳石及地下暗河的产生。阅读本书后，如果读者对亲自探索这个世界产生兴趣，那么必须记住的是：脚穿运动鞋、带着手电筒只身前往，这是极其危险的。对于有兴趣的读者，安全的探索范围应该仅限于开发完善的旅游观光岩洞，或者在探险之前先加入洞穴探险俱乐部。

特别感谢菲尔·费安德、威尔哥特·韦克特和安德鲁·威斯对本书写作所提供的支持。

图片来源明细

照片：柏林AKG公司：16右，29左上；纽伦堡特斯洛夫档案馆：1，3，13左，21上右，25左上，25右上，27，29右上，29右下；托马斯·贝伦德：30，31中；威滕视角图片社：33上；约亨·杜克埃克(纽伦堡)：6左中，6左下，9上左，9上右，10中上，10中，10下，11下，11右上，13右下，22下，30左；杜塞尔多夫考比斯公司：6上，7上，9中，15下，19下，20上左，21下；萨尔茨堡冰雪世界股份有限公司：44左上；图歇斯费尔德法兰克瑞士博物馆：26下；班贝格洞穴拯救协会/北巴伐利亚/曼弗雷德·哈斯：42下；鲁波尔丁青年图片社：26中上，26右上；格拉夫瓦尔德托马斯·凯瑟：34上；斯洛文尼亚克瑞斯那溶洞信息平台：4，5；海尔斯布隆维尔弗里德·洛伦茨：11左中，12右上，14右下，15右上，38下，43右下，47右；"恐怖教堂"天然洞穴：29左下；伦敦国家文物保护法案：18左上，18中上，18右上，19上；潜水探险队菲尔·费安德：39；辛特格尔：40，41上；法兰克福图片联盟：17，24下，25右下，26左上，28右上，28左下，34上，39左；S. S. F. V. 潜水探险队：41右；温德斯泰因君特·施耐德：11右上；圣贝尔多斯洞穴协作社：44右；波腾施泰因旅游信息报：44下；乌尔姆博物馆托马斯·史蒂芬：25左中；汉堡野生动物图片社：7右上，18右下，20右上，20右中，21右上；爱尔兰根马克思·威斯哈克：10左，11右中，12右下，13下，13右上，14左中，14右下，15左上，16左上，20下，22上，33下，35，42右上，37上，43上，46上，46下，47中上

封面图片：视觉中国

插图：马里奥恩·威克曹立克：12，16，19，35，36，37，38下；米兰图片社菲利普·皮特罗邦：23，27，31，32；弗兰克·克里门特：8，38上

目　录

石灰岩和钟乳石

地下的世界是什么样的?

黑暗包围了我。当灯熄灭了以后，洞穴的黑暗程度超过了以往我度过的任何一个夜晚。在距离入口约1600米处，我穿过曲折盘绕的通道，抵达克瑞斯那洞穴（十字堡洞穴）的中心位置。克瑞斯那洞穴位于斯洛文尼亚的喀斯特山脉之中。几十米厚的石灰岩覆盖层挡住了阳光，一条洞穴暗河在我脚下淙淙流过。隔着脚下的橡胶长靴，我感觉到了洞穴底部的粗糙不平，以及水流产生的轻微的冲击力。

完全的黑暗只持续了几秒钟，接着我打开了盔帽灯。灯光照在周围深褐色、灰色和白色的钟乳石上，闪烁着点点微光。照在"小瀑布"上的微光伴着岩石隆起处打旋、翻滚的水流显得光怪陆离，部分余光还从橡皮艇耀眼的红色中倏然而过。

尽管温度只有9摄氏度左右，空气也是百分之百的潮湿，但即使站立在水中，我也丝毫没有感到寒冷。因为除了靴裤、防水夹克，和配有头灯的安全帽这一套洞穴探险必备的工作服以外，我还穿了两件厚厚的外套，而且还在不停地运动着。

河流一直延伸到洞穴入口。它由13个大大小小的洞内水潭连接而成，这些水潭被隆起的石灰岩分隔开来。这种地形意味着，如果想要保持橡皮艇的平衡，我们要多次从这个湖里爬出来，小心翼翼地把橡皮艇拖过隆起的石灰岩，然后再爬进另一个水潭里。这样我们就可以在平静而又清澈的潭水中划行几分钟了。水波把灯光反射到四面八方的洞穴岩壁上，像魔术一样变幻出形形色色的钟乳石。等碰到下一个隆起物，我们又需要再次爬出爬进。在灯光的幻影中，不断会有新的奇妙景象出现。它们是大自然在这永久的黑暗中创造的奇观。巨大的钟乳石或悬挂在洞穴顶部，或耸立在底部。也有一些地方，铺着薄薄的石幔。这些石幔有的呈现为红棕色，有的呈现为白色。偶尔我也会划船经过一些白色的钟乳石，它们提醒着我，这儿曾经存在一些凝固了的"瀑布"。

人们乘着橡皮艇，在斯洛文尼亚克瑞斯那洞穴（十字堡洞穴）中旅行

多瑙河为什么会消失在地下？

在离源头约30千米的伊门丁根，多瑙河就已经是一条美丽的河流了。然而再往下几百米，多瑙河河床就变成了一条灰白的碎石地带，大部分的河水消失在石灰岩的裂缝之中。

在多瑙河南面仅12千米远处，涌动着德国最大的喷泉——185米深的阿赫泉。阿赫泉发源于此，最终流入博登湖。每秒钟大约有9000升的水，从岩石裂缝中喷涌而出。这里的水几乎总是浑浊的。大雨之后，每秒钟涌出的泉水量可以超过24000升，足够注满一辆

伊门丁根附近的多瑙河渗漏点

消失的多瑙河重现于阿赫泉

巨大的贮水车。

数百年来，人们一直有这样的猜测：消失的多瑙河水将会重现天日。1877年，人们首次成功获取了相关证据。人们把几百千克食盐添加到即将下渗的多瑙河中，果不其然，55小时后，食盐又在阿赫泉水中被检测出，高水位时甚至只需要20个小时。很显然，水是通过一个巨大的通道流向阿赫泉的。然而它的具体位置和外观无人知晓，也许在地表下有瀑布、湖泊和钟乳石洞的存在。

迄今为止，洞穴探险者也只能抵达距阿赫泉泉眼数百米的深处，一些潜水者在探险中甚至因溺水而丧生。目前，人们只能试图通过喷泉北部的一个坍塌的火山口，进入地下的"黑色多瑙河"。

人们是如何认知喀斯特地貌的？

岩体中巨大的洞穴、钟乳石、涌动的河流、偶尔重现的壮观喷泉——诸如此类的自然现象被地质学家统称为"喀斯特地貌"。如此命名是因为这种地质现象的首次发现，是在斯洛文尼亚的喀斯特山脉。然而，在世界的其他地区也存在着这些现象。例如，德国的施瓦本、藻厄兰地区、哈尔茨山脉，还有法国部分地区的山脉，以及阿尔卑斯山的石灰岩地带都可以称作"喀斯特地区"。

在喀斯特地貌中，石灰岩随处可见。石灰岩的主要成分之一是碳

在**其他地区**也有类似的河流存在，它们突然出现在洞穴中，流过神秘的山谷，接着又消失在黑暗的深渊之中。人们发现这种现象在斯洛文尼亚的喀斯特山脉尤为突出，其中一条河流竟然有五个名称，这是因为早期的人们对这种地下的通道一无所知，于是他们给河流的每个部分都起了一个不同的名字。

克罗地亚的喀斯特地貌——布里特威斯湖。在这里，流动的河水溶解了石灰岩巨石，形成了神奇的水潭

喀斯特地貌裂开的表面

酸钙，众所周知，贝壳和鸡蛋壳的主要成分也是这种物质。碳酸钙可以结晶形成大理石，还可以做成粉笔。与其他大部分岩石不同，石灰岩可以被雨水侵蚀，并随着时间的推移逐渐被溶解。流淌的雨水不停地"啃噬"出细小的断痕和裂缝，经过上千年的时间，裂缝扩展成数米宽的隧道，水流可以毫无阻拦地从中通过。因此，人们认为喀斯特地带的河流，是如同渗透海绵般地穿过洞穴的。迄今为止，只有一小部分洞穴被探明。著名的瑞士洞穴研究专家阿尔弗雷德·伯格利曾说："在地表下的黑暗之中存在着一

在斯洛文尼亚和克罗地亚亚得里亚海岸的**喀斯特山脉**中，人们发现了众多美丽的喀斯特地貌。在6000多个著名的溶洞中，波斯托伊那溶洞（在斯洛文尼亚语中，波斯托伊那贾马的"贾马"意为"洞穴"）以钟乳石闻名于世，每年有数以万计的游客来这里游览。在不远处的什科茨扬溶洞，一个近百米高的洞厅横贯其中，洞厅下面是汹涌翻滚的暗流。

滴水穿石

溶洞是水蚀作用的结果。尽管石灰岩在纯净的水中几乎不可溶，但雨水并不是纯净水：它从空气中吸收二氧化碳，形成一种弱酸，即碳酸。我们可以通过汽水知道碳酸的味道——它与汽水的味道区别不大。当雨水渗透到地下时，它会吸收更多的二氧化碳，因为土壤中的植物残骸在分解的时候也会形成这种气体。

碳酸可以侵蚀石灰岩，10升雨水可以溶解大约9克的石灰岩，它们化合形成新的化学物质——碳酸氢钙。这种化学反应是溶洞形成的基础。在数千年的时间里，细小的石灰岩裂纹和缝隙渐渐地变得更大、更宽，最终形成现在数米宽的隧道，以及和火车站一般大的洞厅。

个危险而又了不起的世界，我们完全可以把它当作'新大陆'。"

喀斯特地形的表面看起来非常缺水，而其他类型的岩石上却总会有水流过，这些水流可以逐渐汇聚成溪流和河流。但在喀斯特地形中，雨水会消失在石灰岩裂缝里，接着渗入地下。只有当冰雪消融、涌向山谷的水流多于流入岩缝的水时，几个星期后才会形成湖泊。这种短期形成的湖泊被称为"坡立谷"，它与"溶斗"同为喀斯特地形中的典型地貌。溶斗是由于洞顶坍塌或者水溶作用而形成的环形凹坑。

石灰岩中消失的水去了哪里？

从地面上消失的水会不停地往下渗透，直至遇到下一个喀斯特基准面。人们习惯用"喀斯特基准面"称呼那些在相互交错的岩缝中蓄起的水洼平面。然后，它们在水平方向上继续流动，并渐渐聚合成地下河流，在宽阔的通道和庞大的洞穴中咆哮而过。

目前，借助食盐、颜料和荧光素钠，人们可以进一步追寻地下河流的流向。

在喀斯特山脉的边界，或者在岩石随处可见的深谷中，水又以泉水的形式重新冒出来。一些河流，比如流经法国南部索格岛的普罗旺斯河就源于巨大的岩洞。其他的河流，比如说阿赫泉，则是从岩缝中涌出的。

洞穴的形成

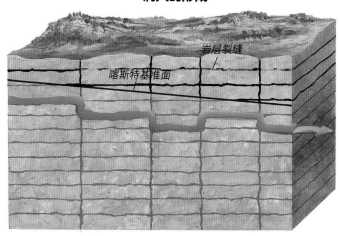

水从细小的岩缝中向下渗漏，直至遇到喀斯特基准面（石灰岩中的地下水水平面）。在那儿水流顺着水平方向的裂缝继续渗透，并通过水蚀作用使裂缝扩展成宽阔的通道，从而汇聚成河

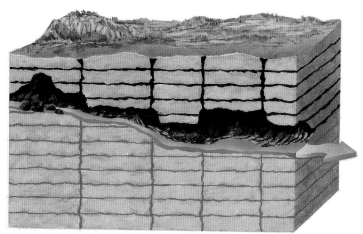

流动的水继续向岩石更深处渗透，一个有水流经过的溶洞就形成了。喀斯特基准面是对应于洞穴河流而产生的概念

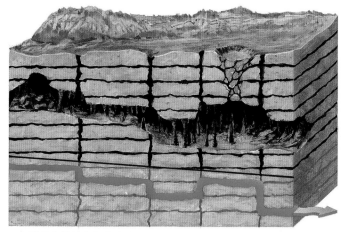

裂纹和缝隙变得越来越宽，水流进一步渗透，喀斯特基准面也就进一步下降，于是水就在更深的通道中汇聚。溶洞的上部，即由钟乳石装饰着的部分非常干燥

赛科尼卡湖

布劳伯伦市的蓝潭非常著名。高水位时，这眼泉水每秒钟的流量可以达到32000升。在干燥的喀斯特地带，这种水源对当地的饮用水供应起着十分重要的作用。

然而许多喷泉并不总是持续地喷水，喀斯特基准面的高度是随着降水量的变化而变化的，因此有些泉眼在干旱的年份里会枯竭。另外一些喷泉，即所谓的间歇泉，只会在高水位时才有水冒出，因为只有在那时，喀斯特基准面才会升至泉口。

布劳伯伦市的蓝潭

赛科尼卡湖

赛科尼卡湖是一个名副其实的大自然奇观。它只有在某些时候以湖的形式存在。当冰雪消融或是降水丰富时，石灰岩中的裂缝才会充满水，水流聚集后全部冒出地面，不出几天就能形成一个波澜壮阔的湖面。通常，只有在晚春时，水才会从一个巨大的泉眼中流出。

庞大的洞穴

有些地下洞穴的面积很大。位于意大利和斯洛文尼亚边界上的格罗塔希甘特洞穴，可以毫不费力地容纳整个彼得大教堂。美国肯塔基州的猛犸洞，已探测出的长度就有579千米——并且这还不是最终长度。在格鲁吉亚也发现了一个深达2140米的洞穴。

海中洞穴

在海岸线前沿也有洞穴的存在，它们大多是在冰河时期形成的，当时的海平面比现在低。后来冰川融化，这些洞穴就整个或部分地被淹没了。分布在地中海海岸线上的此类洞穴，是最为人们熟知的。中美洲充满神秘色彩的"蓝洞"则因为它们在浅蓝色的海水上呈现出深蓝色而得名。在伯利兹市海岸的附近，有一个由珊瑚礁包围的圆形竖井，它的直径约300米，深度超过100米。残余的钟乳石证实了这个洞穴曾在海平面之上，因为钟乳石是不可能在水下形成的。在一些地方，甚至有喀斯特喷泉从

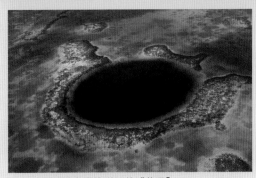
伯利兹城海岸线附近的"蓝洞"

海岸线前的海底冒出。这也是冰河时期海平面比现在低的证明。水流在压力作用下喷射而出，并与毗邻的陆地洞穴汇合。有时候，人们可以在水面上辨认出一些这样的喷泉，因为淡水的颜色与海水有一定的区别。研究者常用克罗地亚语"海底喷泉"来称呼它。最著名的一个海底喷泉位于黎巴嫩的海岸线附近，它每秒钟大约可以提供50000升淡水。人们试图在干旱的地区找出这种泉眼的地下流入口，这样就可以钻井，并充分利用泉中的淡水了。

洞穴种类

天然的地下洞穴种类繁多，令人难以记清，洞穴不仅仅只有喀斯特地貌的石灰岩岩洞。有些岩洞是在母岩发育时形成的，人们称这种洞穴为"原生洞穴"。然而，大多数洞穴是受到各种不同形式的自然环境的影响而形成的,这种洞穴的专业名称是"次生洞穴"。

施瓦本山脉的奥尔加岩洞

石灰岩洞

当含大量石灰的水流经过矿石时，石灰会慢慢地沉淀出来。如果这发生在地表之上，大部分植物就会被石灰覆盖，并被封存在其中。随着时间的流逝，石灰层逐渐形成坚固却可渗透的大规模岩层——石灰岩。有时候矿石会形成悬垂的石灰岩，它迎接着从下向上生长的石笋，最终连接在一起，并且在瀑布的后面形成了洞穴——石灰岩洞。施瓦本山脉 170 米长的奥尔加岩洞就属于此类。

石膏晶体

石膏洞

不仅仅是石灰岩，石膏也具有水溶性。1000 升的水至少可以溶解约 2 千克的石膏。水中一旦含有碳酸，石灰岩就会被侵蚀，然而石膏却不会。石膏洞是在石灰岩洞形成过程中断时产生的，相对来说石膏洞更易坍塌。

德国最大的石膏洞当数位于巴特泽格贝格（石荷州）的石灰岩山洞（长约 1000 米），以及图林根的巴巴罗萨岩洞。世界上最长的石膏洞是乌克兰的奥普奇米斯奇契斯卡娅洞，它的通道长度超过 215 千米。石膏可以塑造出各种奇异的形态。

巴特泽格贝格的石灰岩山洞

美国新墨西哥州的列楚基耶洞穴虽然只是一个石灰岩洞，但岩洞的内部却点缀着数不胜数的精美迷人的石膏水晶。它被认为是世界上最漂亮的洞穴。然而这些水晶很容易被破坏掉，所以必须禁止游客在岩洞中停留。

位于夏威夷的瑟斯顿熔岩隧道

在干旱地区，有一些大规模的沙质沉积物。这些沉积物通过水流和风的作用力，也可以形成洞穴系统。以色列的马勒姆岩洞被认为是最长的砂岩洞，它的通道长度接近6000米。

砂岩洞

砂岩洞

熔岩洞

当滚烫的熔岩从火山口中喷出，声势浩大地滚滚而下时，最上层的熔岩迅速冷却，形成了一个坚固的管形外壳，它很好地阻止了热量的进一步流失。当火山停止喷发时，岩浆从管道中流走，管形的洞穴由此形成。它长约数百米，并拥有特别光滑的内壁。世界上最长的熔岩洞是夏威夷的卡朱姆娜洞，长度为61000米。

在伽利略群岛的兰萨罗特岛上，人们也可以观赏到一个巨大的熔岩洞。

加那利群岛的一个熔岩洞入口

浪蚀岩洞

大海的波浪不断冲击着海岸，长久下去就连最坚硬的岩石也经受不住这种侵蚀，渐渐被淘空。最著名的浪蚀岩洞当属苏格兰斯塔法岛上的芬格洞。一些浪蚀洞穴在顶部有出口，当汹涌的海浪进入洞中时，就会有海水从那儿喷出，形成独特的喷泉现象。

斯塔法岛的芬格洞

山崩洞穴

山崩时，巨大的岩石块掉落下来。通常情况下，在碎石中会形成洞穴。大多数山崩洞穴的规模都不是很大，有时它可以用作人类的栖身之处，或藏匿之处——至少当岩石很坚固的时候是如此。澳大利亚的中部地区有无数个这种洞穴，它们被土著居民奉为圣地。

山崩洞穴

风蚀岩洞

风蚀岩洞的形成，要归功于风从岩石上不断剥落下来的微小沙粒。相对柔软的岩石部位不能经受这种持续不断的侵蚀，逐渐被分解并被风吹走。在沙漠和海岸上，偶尔会出现这种美丽的岩洞，人们形象地称它为"蜂窝洞"。

风蚀岩洞

随着时间的流逝，洞穴溪流在岩石中不停地向地下渗透，喀斯特基准面也随之不断地下降。最终，高大的洞穴变得干燥。然而，雨水会从洞顶的岩缝中渗透下来。在这个过程中，水会溶解岩石中的石灰。

作为溶洞形成基础的化学溶解反应，同样也可以起到相反的作用：水释放出二氧化碳，石灰就会重新以细小的晶状"石灰华"状态沉淀下来。在有水流从细小裂纹中滴落的地下洞穴中，这种现象随处可见。悬挂在顶部的水滴逸出一部分二氧化碳，并沉积成一层薄薄的石灰层。随着时间的推移，石灰层变得越来越厚，最终在洞顶就倒挂起一个长长的石灰柱——钟乳石。

当洞顶上的水滴落下来时，它就会在地上以同样的方式形成竖立的石灰柱——石笋。天长日久，钟乳石和石笋连接在一起，就形成了钟乳石柱。随着外界气候和降水量的变化，钟乳石或快或慢地生长起来。洞穴研究专家测出，比利时的一个溶洞的生长速度约为每年 5 毫米，而斯洛文尼亚的波斯托伊纳岩洞中的钟乳石只经历了 5000 年就长成了现在的形状。德国大部分溶洞的年龄都超过了 120000 年，有些甚至达到数十万年。

在开发成为旅游景点的洞穴中，最漂亮的钟乳石大都被取名为"狗""安坐的巨人"或者"壁炉"等。它们表现了发现者或

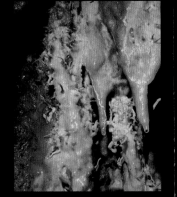

被矿物质染色的钟乳石

彩色的钟乳石

纯石灰华凝结而成的钟乳石是雪白色的。然而大多数从洞顶滴下的水，除了石灰之外还含有其他矿物质。最常见的是含铁的化合物，它使石灰岩带有红棕色、黄色或深赭色。含铜的化合物可使石灰岩显出绿色或蓝色，岩石中的淡红色源于含锰化合物。此外，锰酸化合物则会使石灰岩呈现黑色。

钟乳石的形成

水滴从洞顶的裂缝中落下，并在洞顶和水滴落下的位置留下了石灰层。随着时间的推移，石灰越聚越多，最终形成了悬挂在洞顶的钟乳石，以及竖立在洞底的石笋。

石笋通常比钟乳石更大、更沉，这是因为钟乳石的大小受到自身重量的限制，它有可能从洞顶折断。然而石笋就很容易生长成庞然大物，特别是当几个相邻的石笋连接生长在一起时。

穴 珠

当石灰包裹了水中的尘粒时，在溶洞的滴水坑中就形成了穴珠。石灰一层一层地沉积，有时候会形成直径达几厘米的圆珠。

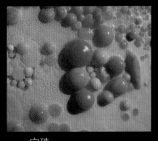
穴珠

洞穴管理者们的想象力。有时，它们会被斑斓多彩的聚光灯照亮。

石幔是怎样形成的?

在许多岩洞中，人们发现了一种走廊，里面布满精美绝伦的天然雕刻物，它们由向下滴落的水滴塑造而成。根据表面特性和岩石的不同，或形成了厚重的隆起物，或形成了细长的石柱，或形成了薄薄的"面条"。它装饰了成千上万童话般美丽的厅堂，那里从未有过一丝阳光透射进去。

有时候雨水不仅仅从洞顶滴落，它们同时也会顺着裂缝流动。渐渐地，薄如蝉翼的覆盖层就出现了，并且最终形成了彩色镶边的巨大幔帘（这种幔帘由石灰华构成），再经过几千年的时间，就慢慢地形

石笋

斯洛文尼亚的什科茨扬溶洞中的泉华池

彩色镶边的石幔

成了石灰华"瀑布"。石灰华甚至还能形成水池，当含有石灰的水汇聚在凹处时，石灰就会在边缘沉淀下来，长此以往，沉淀越来越高，就像水给自己建造了堤坝。于是积满水的泉华池就形成了。它的直径可以从几厘米延伸到数米。人们也经常可以在相连或重叠的泉华池中发现小型喷泉。在法国境内的阿尔卑斯山脉上的伯格洞内，探险家找到了一整排数米长宽的这类水池。

怪石是什么?

最独特的钟乳石当属"怪石",它们大多是树状的,像奇异的分叉的石灰晶体。它的内部有着极其细微的管道,通过这些管道,含有石灰的水就像墨水在吸墨纸上一样扩散开来。因此,它们的生长看起来像没有受到地心引力的影响一样。有时候它们有几分米长,然而直径却只有几毫米。人们至今还不能确定它们是如何形成的。也许是洞中不同气流的影响,也许是真菌或细菌的作用,但更可能是水中携带的矿物质决定了它们各自的生长方向。

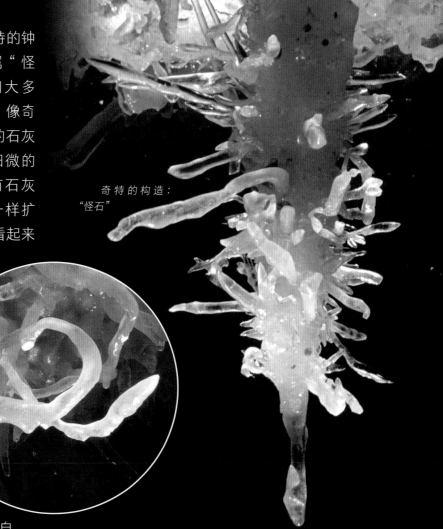

奇特的构造:
"怪石"

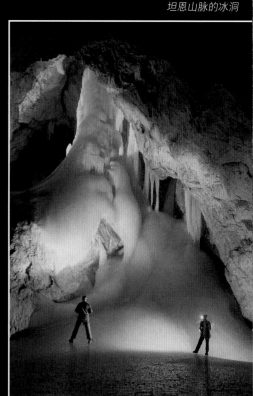

坦恩山脉的冰洞

怎样区分冰川洞与冰洞?

山洞的位置越高,它的内部越寒冷。如果气温接近 0 摄氏度,当冬季的寒风吹进来时,山洞入口处滴落的水就会结冰。在坦恩山脉就有这样一个冰雪大世界的入口。坦恩山脉坐落于萨尔茨堡,高出海平面 1641 米。这个山洞被誉为"世界上最大的冰洞"。在这个超过 40 000 米长的洞穴中,一部分冰的厚度达到了 20 米。巨大的蓝绿色冰块、圆柱、幔帘、冰束和闪闪发光的冰晶点缀着洞穴前部。在参观时,游客们必须在光滑的地面上小心翼翼地行走。

这座华丽的寒冷冰洞不是永恒不变的:有些冰不断地融化,同时滴落的水又不断地凝结成新的冰体。另外在看似更温暖的更深的山洞中,也有冰洞存在。它们是以另一种特定的形式形成的:这种洞穴一般

石灰浆

石灰岩并不总是很坚硬的。在一些岩洞中，人们发现了软而潮湿的、纯白或略

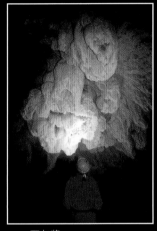

石灰浆

带灰白的石灰块。它们覆盖在洞壁和地面上，被称为石灰浆，干燥后就变成了含石灰的物质。

有一个从上往下的通道，入口位于山洞的最高点。冬天时，空气相对更沉，于是气流可以从外面进入山洞中，而夏天轻而暖的空气却不能进去。

与冰洞不同，冰川洞里并没有冰，而是四周环绕着冰。瑞士的戎河冰川每年春季都会被开凿出一个新的小型冰川洞，游客们就可以在这儿接近冰川，欣赏冰川闪烁的神奇蓝光。

天然形成的冰川洞最为壮观，它是冰川融水在冰川上"开凿"出来的道路。奎尔克

托特斯山脉黑苔山冰洞上的"大象"

是世界上最大的冰川洞之一，它位于冰岛的瓦格纳冰原上。研究者们已经深入过这个冰川世界了，这是一次大冒险，因为冰川洞总是在不停地变化。现今，由于世界范围内的冰雪消融，冰川洞的存在时间已经不会很久了。

缪尔冰川上的一个冰川洞（美国阿拉斯加州冰川湾国家公园）

永恒黑暗中的生活

冰河时期洞熊的骨骼化石。以前人们常常认为，这是龙或者它们的食物的残骸

洞穴中曾居住过龙吗？

在许许多多的童话和传说中，洞穴常常被视为通向另一个世界的入口。神灵与鬼怪、巫婆与仙女、巨人和侏儒、喷火的龙及类似于龙的怪物，以及有着火红眼睛的看门狗……据说它们都居住在山洞中，看守着神奇的宝藏。

阿尔卑斯山脉的"飞龙"——传说中类似于龙的怪兽，曾一度比尼斯湖的水怪还要出名。据说当雷电交加、暴雨来临时，人们甚至能听到它们在山洞中嘶吼。冬天，它们呼出的气息会变成云雾，从地面的裂缝中缓缓升起。在山洞的泥土中，人们还发现了巨大的骨骼和头颅，并猜测这是"飞龙"的残骸，或者是它们的食物的残余物。对于我们没有受过自然科学教育的祖先来说，这些实物似乎验证了他们的判断。但是现在，我们已经能够为这些现象做另外一番解释：嘶吼是奔涌的溪流发出的，"气息"是因山洞气压变化而上升的暖湿气流，骨骼是早已灭绝的动物遗留下来的，比如洞熊。

在古希腊神话中，死者的黑暗帝国被称作**阴间**，它由阎王和他的妻子冥府女王统治。在那里有人的幽灵出没，随处可见形形色色的魔鬼、神灵以及鬼怪。

希腊神话中的阎王和冥府女王

按照许多童话和传说所描述的，山洞中居住着龙和其他的怪兽，它们常常看守着宝藏

动物园不喂养**盲螈**这种动物,然而人们在波斯托伊那溶洞中可以观赏到。那里是盲螈的原生地。在波斯托伊那溶洞中,游客们被引到一个大蓄水池旁边,可以看到里面有一些盲螈在蒸汽灯附近游来游去。这些盲螈是直接在洞穴河流中捕捉到的,在蓄水池中生活几个月后就会重获自由,返回河流中去。在德国韦尔尼格罗德市的赫尔曼斯洞,也喂养了一些斯洛文尼亚盲螈,这些盲螈都是雄性的,因此没有后代。

什么是盲螈?

长期以来,斯洛文尼亚喀斯特地区的农民们都相信洞穴龙的存在。当地下河流隆隆作响时,或者当水流从喷泉中疾速喷出时,他们就会认为,居住在地洞下的龙又开始在黑暗深处怒吼了。被愤怒激起的水流力量是如此之大,甚至把幼小的龙都带了出来,它们当中的许多龙

乏时期,盲螈也可以存活好几年。由于有一个敏感的鼻子以及特别出众的记忆力,它们可以在永恒的黑暗中生存得悠然自得,并能准确地找到食物。特别是盲螈自身能够散发出芳香物质,这样便可以给自己的生活环境做上标记。它们也是这样寻找配偶的。"龙的孩子"的生活似乎也是慢节奏的,它们要经历12年才能成熟。雌性盲螈可以产出数不胜数的卵,幼仔就是从卵中

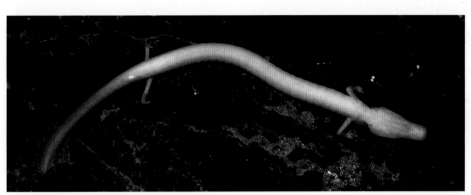
居住在斯洛文尼亚喀斯特溶洞中的盲螈

被喷泉喷出,暴露在日光之下。

这些"龙的孩子"看上去赤身裸体,并且没有眼睛。它们的身体类似于鳗鲡,由四条瘦弱的腿支撑着。血液透过白色的皮肤,闪烁着微光。此外,在它们尖尖的头部后面,还有两个束状的血红色气管鳃。现在,再也没有人把这种不到30厘米长的白色动物当作"龙的孩子"了。它们被称作"盲螈",是一种已为人们所知晓的穴居动物,属于两栖纲。

位于斯洛文尼亚境内的喀斯特岩洞,是盲螈生活的地点之一。它们在充满水的黑暗通道中四处寻找食物——微小的洞穴蟹、虾以及漂来的蚯蚓和昆虫。即使在食物匮

孵化出来的。

除了人类和水域污染外,盲螈再也没有其他的威胁。因此,它们可以很幸运地存活几十年。

为什么把盲螈称作"活化石"?

令人惊讶的是,刚刚破壳而出的盲螈幼体呈铁灰色,并且有着清晰可见的眼睛。然而一年之后,眼睛和躯体的颜色就渐渐消失了。

如果人们把盲螈幼体放在阳光下喂养,它会成长为另一番模样:身体的颜色逐渐变深,眼睛也不会进一步退化,气管鳃也会保存下来。

身体色素(细胞色素)和眼

金丝燕的巢被作为燕窝

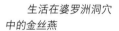

生活在婆罗洲洞穴
中的金丝燕

睛的消失是盲螈对黑暗洞穴的适应。从事生物进化研究的科学家们认为，现存的盲螈是经过长期演变之后的遗留物，即"活化石"。它生存在地面上的"亲戚"，在很久以前就已经灭绝，只有生活在洞穴这种艰难的生存环境中的盲螈，才继续存活了数万年。

燕巢起源于何处？

尽管洞穴永远笼罩着挥之不去的黑暗，但那里也并非死气沉沉。在生物学家们看来，穴居动物分为真正的穴居动物和喜欢洞穴的动物。前者从来不愿意离开洞穴到阳光下生活；后者可以在洞穴内生存，也可以到洞穴外活动，它们常常居住在洞穴的入口附近。

例如，金丝燕就属于喜欢洞穴的动物。它是楼燕（生活在婆罗洲）的近亲。金丝燕晚上在洞穴中过夜，白天出去觅食。即使在无尽的黑暗中，它灵活的双翼也能找到路径，因为它可以发出倒吸气音，根据倒吸气音的回声判断周围环境的状况。

在生殖期的初期，金丝燕膨胀的腺体会分泌出一种黏稠而透明的唾液。它们用这种物质在洞壁高处建造巢穴，就像燕子用泥土筑巢一样。唾液一层一层地累积上去，在空气中变得坚硬。因此，鸟巢就这样形成了。数百年来，人类一直在采集这种鸟巢并把它的主要部分制作成燕窝——一种中国特色的食品。

洞穴中的蝙蝠是怎样辨别方向的？

最著名的穴居动物无疑是蝙蝠。它把洞穴作为冬季居住地，以及白天睡觉的地方。蝙蝠在黄昏时离开洞穴觅食。美国的卡尔斯巴德洞穴是一个出名的蝙蝠聚居地。每天傍晚，数百万只蝙蝠从巨大的洞穴口飞出来，这个过程一直会持续约4个小时！

数百年来，人们一直都很好奇，蝙蝠是怎样在黑暗中找到路，并且能够发现障碍物和猎物的呢？

直到1938年，生物学家们才揭开谜底：它们运用了灵巧的回声定位法。蝙蝠在不同程度上都有回

僧海豹一度生活在地中海地区和大西洋靠近海岸的水域。那里到处是天然的浪蚀岩洞和沙滩。僧海豹在那里产仔，并度过第一周的生活。然而现在，世界上这种体态优雅的动物仅存不到400只。

僧海豹

油 鸥

在南美洲北部的洞穴内居住着一种鸟——油鸥，它的大小与鸡相似。自然学家亚历山大·冯·洪堡是第一个描述这种鸟的人，他在委内瑞拉的卡布里岩洞（油鸥最大的聚集地之一）发现了它们。每到傍晚，山洞里就会充满油鸥尖锐刺耳的叫声，这种叫声可以帮助它们在黑暗中飞行。油鸥属于夜行鸟类，运用回声来进行定位。黑暗中，它们离开恒温为 18 摄氏度、温暖而安全的洞穴，外出寻找种子和果实（主要是油棕榈果）。除此之外，它们还

油鸥

要把食物贮存于嗉囊之中，带回洞穴喂养嗷嗷待哺的幼鸟。由于棕榈果含有丰富的油脂，因此幼鸟的体内储存了大量的脂肪。在洪堡生活的那个年代，为了获取这种透明无味、易于保存的油脂，附近村子里的居民常常一次性捕捉并杀死成千上万只幼鸟。现在，油鸥受到了保护。人们已经认识到，油鸥对保护森林起到了重要作用，因为它们在飞行的过程中可以撒播植物的种子。此外，它们落到地面的粪便也是维系洞穴的物种多样性的基础。

声定位系统，因此有"活雷达"之称。借助这一系统，它们能在完全黑暗的环境中飞行和捕捉食物，还能在大量干扰下运用回声定位，发出超声波信号而不影响正常的呼吸。它们头部的口鼻上长着被称

作"鼻状叶"的结构，在周围还有很复杂的特殊皮肤皱褶，这是一种奇特的超声波装置，具有发射超声波的功能，能连续不断地发出高频率超声波。如果碰到障碍物或飞舞的昆虫，这些超声波就能反射回来，然后被蝙蝠的大耳郭所接收，使反馈的信息在它们的大脑中进行分析。这种超声波探测的灵敏度和分辨力极高，使它们根据回声不仅能辨别方向，为自身飞行路线进行定位，还能辨别不同的昆虫或障碍物，进行有效的回避或追捕。蝙蝠就是靠着准确的回声定位和无比柔软的皮膜，在空中盘旋自如。

美国得克萨斯州布兰肯洞穴的蝙蝠群

在回声的帮助下探路：飞行中蝙蝠发出高频率的急促叫声，借助物体反射的回声，它能获知物体的位置

一种生活在北美洲的洞穴蝾螈

在德国，人们在洞穴中发现的正在过冬的尺蛾

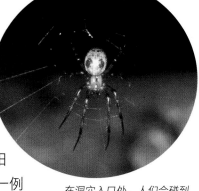

在洞穴入口处，人们会碰到十字蜘蛛

洞穴动物是如何适应黑暗的？

许多动物比如金丝燕、油鸱以及蝙蝠等会定期离开洞穴，寻觅食物。其他的一些动物为了过冬，也会在洞穴中待上几个月，比如一些昆虫，和冰河时期的洞熊。还有一些动物，比如十字蜘蛛，人们只能在洞穴入口处碰到它们。

真正的洞穴动物与此不同。它们的原生地就是又湿又冷、食物贫乏的黑暗洞穴。为了适应这种不利于生存的恶劣环境，它们需要构想出各种策略。因此，洞穴内部就像一个生物进化的实验室。比如，洞穴中不需要眼睛，因为根本就不会有阳光照射进来。伪装色以及细胞色素在这里也是多余的，因为它们是用来保护动物免受阳光伤害的。因此，洞穴动物无一例外地失明，并且大部分动物的身体呈浅白色。通常，洞穴动物还拥有比它们在地面上的"亲戚"长很多倍的触角和腿，这有助于它们在崎岖的地面上爬行。它们还拥有一种与众不同的能力，即在黑暗中寻找

食　物

几年前，人们就已经知道，洞穴泥土中活跃着数不胜数的微生物，它们靠矿物质（比如铁）获得能量。矿物质是这些在显微镜下才能看见的微生物的食物，而这些微生物又是稍大的穴居动物的生存基础。

新西兰的蕈蚋幼虫：它能发出淡青色的光，以此引诱昆虫接近。紧接着，昆虫就会陷入幼虫黏稠的丝网里

洞穴蟹

洞穴蝗虫

少数**穴居动物**与相邻洞穴中的同类动物也会有很大差别，这是因为它们对自己的洞穴几乎寸步不离。它们也只能在洞穴内部有限的范围内寻找配偶，繁衍后代。由于这种就近配偶的行为，个别动物遗传物质上偶然的微小变化，就会引起进化上不寻常的惊人后果。因此，不同洞穴里的种群越来越分化，几千年之后就形成了不同的种类。

猎物和配偶。

引人注目的是，与地面上的"亲戚"相比，洞穴动物的繁殖速度要慢很多。一般情况下，它们只产一个特别大的卵，这有两个好处：一个大卵通常包含更多的营养物质，在一个食物贫乏的环境中，这对于幼仔来说是十分重要的；另外，这样可以减少因动物密度过大而造成的生存问题，让动物间对有限食物的争夺也不会太激烈。

此外，许多洞穴动物还是节约能量的专家：它们学会了克服漫长的饥饿期。在洞穴中，只有在春季高水位期，食物才会丰盛些，因为此时大水会把动物、蠕虫和昆虫的尸体等有机物质的碎片，甚至是折断的植物冲进洞中。因此，许多洞穴居住者选择在这时繁衍后代。

把洞穴作为居住地还有一些优点：许多动物在这里没有敌人；它们不需要去适应季节变化，因为洞穴温度很稳定。很多动物甚至在地下度过了冰河时期，而在此期间它们地面上的"亲戚"都灭绝了。总是不断地会有新型洞穴动物产生，但对于它们的生活方式和独

在中国，人们在洞穴中发现的盲鱼

21

特的生存策略，人们总是知道得很少。这个"神秘的地带"给生物学家们带来了许多的惊喜。

无色的菌丝

永恒的黑暗中有植物吗？

不仅仅只有动物在大地的腹部生存，植物王国在这里也占有一席之地。在黑暗的洞穴深处，自然不会有显花植物的存在，更不用说绿叶植物了。

然而，藻类、苔类以及蕨类等植物却喜欢在潮湿的洞穴入口处生活。有些藻类还有一个微小的气孔吸收阳光，以至于它们在入口几米远处还能生长。然而在黑暗的洞穴深处，它们没有任何存活的机会。

细菌可以在洞穴深处生存。不过，洞穴中的空气几乎是无菌的：被吹进来的细菌会快速地融进潮湿空气中的水分中，然后便沉到地面。

在洞穴的泥土和墙壁中，生存着数不胜数的微生物，它们分解了伴随着水分一起进来的有机物质，使后者成了许多洞穴小动物的食物。

此外，还有无色的菌丝在洞穴中生存，它们常常在动物的尸体和木头上安家。菌类植物完全可以在无光的情况下生存，它们专门从事动物尸体和遗留物质的分解。有些菌类在没有干扰的环境中形成了细嫩的纤维状，这又变成了许多小昆虫的居住地。

位于墨西哥露滋村的洞穴闻起来有一股**臭鸡蛋**的味道，因为那里的喷泉涌出大量的硫化氢。这种散发着恶臭的气体对居于高处的生物是有毒的，却是洞穴中无数细菌的食物。细菌并不像我们通过氧气和有机物来获取能量，而是通过与矿物质（比如硫）的化学反应来获取能量。尽管这个生存环境一眼看上去对生命存在着极大的威胁，但很多生物却在此基础上发展成一个完整的生命世界。这里生存了大量的生物，有很多种类目前还不被人类所知晓。

灯光植物

洞穴深处并不总是完全无光。目前，开发为旅游区的观光洞穴大部分被灯光照亮，并且在灯光的周围形成了一个生存空间。许多不太需要光的植物在人造光的照射之下也能生存，人们称之为"灯光植物"。它们不仅仅包括苔类、藻类植物，还包括蕨类植物。这些植物的孢子有的是从洞外随风飘入，有的是伴着游客而来。尽管这些"不速之客"丰富了一些洞穴动物的"菜单"，但人们还是会用紫外线去扼制灯光植物的萌芽，或抑制它们的生长。当藻类已经给钟乳石抹上绿色时，再去抑制就为时已晚了。

灯光植物

远古博物馆

石器时代的艺术家们用木炭和他们在大自然中找到的**彩色泥土**作为颜料。与植物颜色不同，彩色泥土可以保持数千年不褪色。黄赭色含有铁元素，时间长了会变成红褐色。深棕色是源于含有铁和锰的黏土。当时，绘画是用手指或动物毛发制成的画笔来完成的，有时人们也会直接把颜料粉吹到墙上。

洞穴壁画是怎样出现的?

猎人们常常在洞穴深处聚会。他们在一个小碗中点燃动物油，微红的火焰闪烁着，冒出滚滚浓烟，虽然这并不能将地下洞厅高高的墙壁照亮，但是灯光在用赭色、红色、黑色和棕色装饰的岩壁上，投下了成千上万的暗影，映出一幅幅图画：一个用少许线条勾画的鹿群，一匹被两支矛瞄准的奔腾野马，一个由长毛象、山羊、驯鹿、野牛组成的动物群，一个带着动物面具悄悄走近猎物的猎人，一位穿着熊皮的巫师正降伏一头长着坚硬双角的巨大野牛等。猎人们认为这些图案赋予了他们降伏猛兽的魔力。因此，他们以前经常在这偏僻的洞厅中聚集。现在，伴随着低沉的鼓声，他们依旧会在图案旁跳舞，并挥动长矛，就像第二天在打猎时做的那样。为了在打猎时能拥有好运气，他们像着了魔一样地舞动着身体。

远古人类在洞穴的墙壁上记录下了这一幕幕场景，于是一幅幅绝美逼真的动物图案就这样形成了。在西班牙北部、法国南部、意大利和俄国的许多洞穴中的图案，都让发现者赞叹不已——那是在大地腹部隐藏了数千至数万年的画廊。

冰河时期进行洞穴绘画的人们

洞穴壁画是怎样被发现的?

洞穴如同天然博物馆一样，在恒定的温度和潮湿的环境下把岩洞壁画完好地保存了数万年，因此我们才能发现并相信，我们的祖先在3万年前就已经创造出如此富有表现力的画作了。

洞穴绘画作品最早是在1879年被一个9岁小姑娘偶然发现的。来自西班牙北部阿尔塔米拉的贵族马塞利诺·德桑图奥拉在巴黎观看了一场展览，展出的是在法国南部发现的史前人类用于取火的燧石。在他的领地内也有洞穴，于是他决定在那里进行发掘。马塞利诺每天都带着火炬，在洞穴泥土中寻觅。几天后，搜寻终于有了收获。当时，马塞利诺的女儿玛利亚也同他一起来到洞穴，在她父亲搜寻的同时，玛利亚就在通道和洞厅中闲逛，突然她发现了一些激动人心的画面：在洞壁上画着红色、黄色、灰色和黑色的野牛、驯鹿、野猪和骏马！当时的西班牙学者们研究了这些壁画，并认为它们是真的，这让他们欣喜若狂，甚至连国王阿尔方斯七世在参观之后，都授予了这些壁画"史前地下画廊"的称号。

然而，大多数外国学者对阿尔塔米拉岩洞的壁画持怀疑态度。他们认为壁画的年龄值得怀疑，有关的言论也是伪造的。直到很多年以后，随着对岩洞壁画进一步的研究，学者们才承认壁画的真实性。

我们已经了解了所有的洞穴壁画吗?

目前，已经有超过400个被壁画装饰的洞穴为人知晓，并且还有更多的洞穴壁画将被发现，不仅仅是在欧洲，还有其他地区，比如澳大利亚、非洲以及南美。仅仅在西班牙与乌拉尔山脉之间的欧洲地区就有上百个由壁画装饰的洞穴。它们至少存在了25000年，并且在这一时期绘画风格没有变化。

照　明

洞穴深处笼罩着无尽的黑暗，因此石器时代的艺术家们只有在人为的光线下工作。他们多次把火炬带入洞穴中。人们发现了无数用于绘画的小灯，它们的年龄最高达4万年。这些小灯的灯芯是由干燥的藓类或苔类制成的，再加入动物油脂使其燃烧。它发出的光安静而柔和，并不太强烈，所以当时的艺术家们也从未像我们这样完整地见识过他们自己的作品。

岩洞壁画的位置都经过了仔细的选择，同时也考虑了声学因素。至少美国的研究者史蒂文·沃特持这种观点。通过对200多个洞穴壁画位置的测量，他断定，壁画会被画在那些岩壁回音效果好的地点。也许，石器时代的艺术家们把回声当成了灵魂发出的声音。

西班牙阿尔塔米拉岩洞的野牛壁画

拉斯科洞穴中的岩画

人类的痕迹

正如自然博物馆一样，除了壁画以外，洞穴还保存了早期人类的痕迹。人们在洞穴泥土中发掘出了多处营火遗址以及冰河时期艺术家们的工具：鲸油灯、火把、石制测量器、用于混合颜料的碗以及在骨头上画出的草图。在施瓦本山脉中的一个洞穴里出土了一个大约32000年前的狮头人，它用象牙雕刻而成。动物的遗体向我们"泄露"了祖先们的菜单，以及他们射杀并利用猎物的方式。在一些洞穴中，人们还发现了石器时代的人类骨骼。

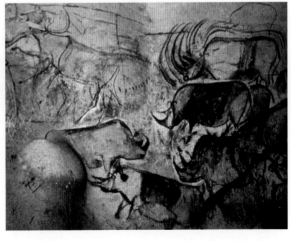

在施瓦本山脉的霍伦斯敦史塔德洞穴中发现的狮头人

绘画的内容几乎全是动物，很少有人类，偶尔会有花纹图案和象征符号，但从未出现过植物。这些石器时代的艺术家们所掌握的绘画技艺，令古人类研究者大为惊叹，这些艺术家们掌握了各种各样的绘画技巧，并且能够运用岩石表面的凹凸不平来展现最佳的立体效果。他们对动物的行为方式进行了相当细致的观察，并且据动物学家证实，他们对动物的描绘十分精确。

位于法国的拉斯科洞穴当数欧洲最著名的洞穴之一，它于1940年被偶然发现。它以各种各样生动的动物形象而闻名于世。这些动物形象包括野牛、牧鹿、野马、驯鹿、犀牛、狮子、猛犸象、熊，它们是15000年至9000年前的数代艺术家们在岩壁上给人类留下的精巧之作。目前最古老的壁画洞穴是法国南部的肖维特洞穴，它于1994年被发现，里面有的壁画的年龄超过了31000年。

法国地中海海岸的科斯奎尔洞穴尤其与众不同，它是1991年被一位潜水教练发现的。它现在的入口位于水下，然而洞穴内部是干燥的，并且洞壁上绘有数不胜数的动物，其中还包括海豹、鱼，以及被箭射穿的海鸟。

25000年至30000年前，在这里绘画的石器时代的艺术家们，还可以很方便地进入洞穴，因为那时很多水还储存在冰河时代的冰川中，因而海平面很低。

肖维特岩洞中的岩画

在洞穴壁画中发现的许多动物，比如欧洲野牛、普氏野马和驯鹿等

当时动物的生活方式和现在一样吗？

猎人总是围着猎物思考，即使是画图，他们也会精确地遵循大自然来创作。

今天人们还能从这些壁画上的野牛、熊、鹿、麋鹿、猛犸象和洞穴狮身上，了解到生活在当时的动物的信息。在冰河期，法国南部的气候和今天挪威北部的差不多。当时没有森林，只有苔原，在苔原上则生存着许多动物。我们可以想象一下那时的动物们生活的场景：驯鹿生活在拥有几百个成员的大家庭中，马、塞加羚羊、鹿、野牛和原牛食用低矮的草，6到10吨重的猛犸象到处流浪，长着两米多长鹿角的巨头鹿往返于水源地和草地之间，狼和人类争抢猎物，鬣狗则分食剩余的猎物。临近冰河期结束时，人类已经将部分狼驯化成了狗，并让它们陪伴在自己身边。

远古时期，当一群人迁入一个新洞穴之前，他们总要先查看是否有熊已经在里面安家了。发掘出的数以千计的骨架显示，尽管这些洞熊比今天的棕熊大约重三分之一，但同样也是以素食为主。洞熊居住在这些像温室一样的洞穴里，生儿育女。那时的部分兽类动物繁衍至今，但大多数在今天已经灭绝了，因为它们不能适应冰河期末期相对温暖和潮湿的气候。

人们通过洞穴中的**骨骼残余物**发现，在其他地区，动物界也随着时间的前进而变化。特别是在南半球享誉盛名的、位于巴西的托卡达波瓦威斯塔洞穴证实了这一点。大约20000年前，大量的动物尸体顺着湍急的河流漂流了几千米远。迄今为止，有50000多具远古动物的遗骸被发掘出来，有些遗骸来自一些早就灭绝的哺乳动物，比如长约6米的地懒。

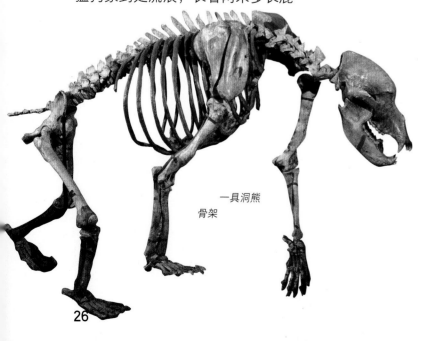

一具洞熊骨架

岩石悬垂物能作为抵抗天气和外敌袭击的天然屏障,因此总是被当作居住地点。生活在今天美国附近的普韦布洛印第安人,用黏土砖在岩洞里建造了一整座城

位于美国梅萨维德国家公园的危岩居住区

市,这座城市拥有几百间高达五层的楼房。房子的外墙不但能防护外来袭击,还可以作为安装木梯的支架。

今天我们知道,洞穴内部湿冷的地方是绝不会被用作人类住所的。早期人类只在分布着岩石悬垂物的洞穴入口寻找藏身之处,以躲避食肉动物、雨水和严寒。这样,他们和他们的孩子,才得以挺过欧洲的亚冰期。

但是,对冰川时代的猎人和巫师来说,通向地底深处的洞穴或许是神圣的地方。他们在洞穴里——创造万物的大地母亲的包裹中,近距离地感受神秘的力量。那些洞穴绘画有时位于距离入口处两小时路程的地方,绘画的内容有可能是对宗教祭祀的描述,也有可能是他们赖以生存的野兽。

在石器时代,洞穴也被当作墓地使用。尼安德特人就把部分族人的尸体埋在洞穴之内。他们经常用红色赭石覆盖尸体。

在德国南部的欧芬内特洞穴,人们发现33块妇女、男人和儿童的头盖骨,它们被4000多个钻穿的蜗牛壳和红色赭石覆盖。所有的头盖骨都指向西方——洞穴的入口处,但这些遗骨都没有身体部分。我们不知道这样的安葬意味着什么。或许,人们想把家族成员藏匿在洞穴中,也可能是要把他们送回大地母亲的怀抱。

骨骼和其他某些物质在洞穴的保护之下,通常能保存良好。通过数目众多的坟墓,猿人研究者获取了大量关于早期人类外貌和生活方式的有效信息。

洞穴的入口是冰河期人类偏爱的宿营地

洞穴中藏有宝藏吗?

现在，许多人仍然相信，往水井或湖泊里扔硬币会带来好运。这个习惯源于一个历史悠久的传统。在古希腊罗马时期，源泉被看作神灵的宝座。通过往水里扔钱币，人们表达了对神灵的友好之意。

因此，潜水者偶尔会在洞穴里遇到财宝。特别是多年前，洞穴探险者在法国南部的丰泰日沃克吕兹洞穴内就遇到了这样的好运。他们先在深度为9米的地方发现了一枚古罗马时期的青铜币，随后又在30米深的地方发现了一大堆古金币，共有1600多枚，这些钱币是公元前30年到公元500年之间的。在墨西哥还有几个这样的竖井洞穴，它们的开口在顶部，里面充满了水。玛雅人把这些"天然井"当作水井使用，也有一部分被用作祭祀：人们把少男少女当作祭品推下竖井洞穴淹死，或把黄金制品和宝石制品扔下去。潜水员在那里已经发现了大量类似的有价值的艺术品。

在中世纪和近代时期，只有少数人敢进入洞穴。这在很大程度上是因为害怕黑暗，而且传说中洞穴里面居住着邪恶的神灵、猛兽和魔鬼。因此，洞穴也为胆大的土匪、逃跑的士兵提供了藏身之处。在中世纪，一些假币制造作坊居然设在洞穴之中。

正是由于人们对洞穴普遍有恐惧感，因此它们成了宝藏的理想存放地。战争期间，洞穴是人们存放钱财的最佳场所。也有人在洞穴中存放抢劫来的财宝，以防被同伙

波贾马岩洞城堡

洞穴城堡

在同类中，无与伦比的洞穴城堡首推位于斯洛文尼亚的波贾马城堡。它那宽敞的洞穴入口位于一个高达123米的悬崖峭壁上，早先的时候只有通过一座吊桥才能到达洞穴入口。这个洞穴为城堡提供保护和水源，并作为危险时的逃离通道。

土耳其的格莱梅洞穴居所

人类的穴居生活

人类基本算得上是穴居者。其实，我们的茅舍、房屋和人工洞穴几乎没什么区别。我们学会了用砖和混凝土建造岩壁一样的墙壁。当然，我们也不一定非得自己砌墙。有些地方的人在岩石没那么坚硬的地方挖洞穴，然后住在里面，这些岩洞冬暖夏凉，比如著名的土耳其格莱梅的洞穴。

上百万年以前，土耳其的一座火山被一片面积广大的凝灰岩覆盖。风力和天气的变化还造就了大量的火山锥。几个世纪以来，人们就在这些岩石里建造了住所、牲畜棚、劳动场所和教堂。这些房间层层叠叠分布了好几层，为成千上万的居住者和他们的牲畜提供保护。山谷中的一块空地简直就是一座博物馆，因为在几个世纪前，这里居住着甘于寂寞的修士，他们自己挖掘山洞，在岩石中建造了宏伟的教堂。同样，在西班牙的小城瓜迪克斯也有一个区域，里面分布了超过2000座的洞穴居所。法国城市亚眠附近还存在过一座地下城市，早在几百年前，居住者就在石灰岩中向下挖掘到了33米。这座地下城市为3000多名居住者和他们的家畜提供了住所。

库姆兰洞穴中出土的古卷轴残片

以色列库姆兰洞穴

位于自然洞穴中的恩特里希教堂

避难所

洞穴也是受迫害者的避难所。上图这个天然洞穴教堂在萨尔茨堡的嘎斯泰勒谷，在16世纪到18世纪，这里曾经是受到罗马天主教迫害的新教徒的秘密集会地。

发现。财宝的藏匿者并非总是能够及时取回财宝，当然他们也不会轻易把财宝存放地告诉他人。正是这样，后来的人们才能偶尔在洞穴中发现财宝。

1950年，研究者在波希米亚中部的一个洞穴内发现了5000枚公元1500年的钱币；在英国的圣贝尔特拉姆洞穴中，人们发现了大量的钱币和黄金，这些钱币和黄金是当地居民在丹麦人入侵前藏匿的；在以色列死海附近有个举世闻名的库姆兰洞穴，这里曾经藏着一批古代手抄本（其中包括《圣经》手抄本，它们现在已经价值连城），直到1947年，这些手抄本才被偶然发现。

钟乳石能显示出早期的气候吗？

虽然钟乳石位于洞穴深处，远离外部世界，但是它们的生长深受外部世界的影响。因此，有学者形象地说："一个钟乳石就是一本关

在伯利兹的一座洞穴里，玛雅人的陶器上方长着一个钟乳石：居住者曾在洞穴中向神灵贡献祭品

于外部世界的日记。"

如果人们把一个钟乳石横着锯成两半，就会看到如同树干横截面一样的表层，钟乳石的横截面也显示出"年轮"（与树木的年轮不同的是，这些年轮不是以一年为生长周期的）。年轮的宽度反映了当时的气候，因为它们是由降雨量决定的。

古代某一时期气候的年平均状况也可以通过钟乳石显示出来。在自然界中有两种形式的氧原子，其中一种比另一种稍轻，因此人们可以利用氧原子对钟乳石进行考察。水中总是含有这两种氧原子，但是两者的比例并不恒定。当地球的温度越高时，从海洋中蒸发的水分也就越多。而在水蒸气中，质量较轻的氧原子的占比会更大。这些氧原子通过雨水进入钟乳石中，我们就可以通过测量钟乳石中这两种氧原子的情况，推测当时的气候状况。

钟乳石的"年轮"

钟乳石还可以告诉我们更多的信息，比如被包裹在其中的花粉能传达早期植物世界的信息，细小的尘土能反映当时火山爆发的情况。

为了有效地利用这个气候档案，人们就要先确定每个年轮的年龄。多年来，人们运用了多种方法对石灰华进行试验，其中最著名的方法是放射性碳测定法。这种方法可以确定钟乳石各个部分的年代。然而，这种方法只对约40000年前的钟乳石有效。对年代更早的钟乳石，人们则需要采取其他的测定方法，比如铀钍测定法等。

当然，人们不只在一个而是在同一地区的多个钟乳石上进行测定，以避免例外情况。最终，人们获得了过去几千上万年的气候数据，并用以预测当今气候的变化。

对远古的海平面的波动情况，我们可以采用同样的测定方法进行了解。

当海水泛滥，淹没过洞穴时，里面的钟乳石的生长就会终止，而通过对较年轻的岩层的测定，我们能知道这个事件发生的时间。如果洞穴中出现干旱或严寒的气候，钟乳石也会停止生长，通过对钟乳石的测定，我们也可以知道干旱期或寒冷期是什么时候开始的。

位于一个水下溶洞的钟乳石，这个溶洞很可能曾经是干燥的

11472 年前：在这个当时形成的钟乳石岩层里，具有一定含量的放射性碳元素碳 -14。现在，这些放射性碳元素开始衰变了

5736 年前：在这个有着 5736 年历史的钟乳石岩层里，还包含最初含量一半的放射性碳元素，其余的部分已衰变了。而在新形式的岩层里还包含原来同样数量的碳 -14，现在它也开始衰变

现在：形成于 11472 年前的钟乳石岩层，仅含有最初含量四分之一的放射性碳元素；而形成于 5736 年前的钟乳石岩层，却含有最初含量的二分之一的放射性碳元素。通过这种方法，我们可以确定钟乳石岩层的年代

铀钍测定法

铀和钍是具有弱放射性的化学元素。铀以一定的速度转变成钍。只要通过实验检测出了铀和钍的各自比例，就能确定物体的准确年代。钟乳石中钍的含量越多，它的年代就越久远。

除了一般的碳元素（碳 -12）外，自然界还存在着另一种碳元素——碳 -14，它具有弱放射性。碳 -14 的是由于宇宙射线与大气中的氮相反应而产生的，它与不具有放射性的碳元素混合在一起，普遍存在于大气之中。当碳元素进入钟乳石之中后，碳 -14 就会缓慢开始衰变。碳 -14 是按一定速率进行衰变的：5736 年后，其在钟乳石中的残留量为原来的一半；11472 年后，其残留量为原来的四分之一……如此衰变下去。因此，人们通过测定放射性碳元素和非放射性碳元素的比例，就可以确定钟乳石的年代了。

地球内部之旅

十几万年以前，人类就已经光顾过洞穴。然而，最早、最知名的研究探索发生在距今约3000年前。公元前852年，亚述国王沙尔马纳塞尔三世来到底格里斯河的一条支流的发源地。在那里，沙尔马纳塞尔三世和他的随从发现并考察了两个钟乳石洞。于是，他们在洞中雕刻铭文以纪念。探险的进程以连续画面的形式，被记录在了一块青铜板上。现在，我们可以看到青铜板上画面里古老的钟乳石。

总是有些胆大的人不断进入洞穴。在斯诺文尼亚的波斯托洞穴，人们发现了墙壁上的铭文，它是某个探险者在1213年的一次考察中留下的。

关于洞穴科考、探险的最早德语报道（关于法兰克人洞穴科考）出现于1535年。根据一篇法语报道，早在1575年，就有一群人带着火把进入当地某个洞穴，发现了几处洞壁上的绘画，但这个发现逐渐被人们遗忘了。在18世纪，第一批溶洞游客游览了当时还属于奥地利的阿德斯山洞穴——即当今闻名于世的波斯托洞穴。

先驱

法国人爱德华·马特尔被公认为"现代洞穴学之父"。他生活在1859年至1938年间。他的职业是律师，但洞穴对他更具吸引力。自1888年起，他和其他洞穴爱好者最大限度地利用他改良的装备，在整个欧洲探访和研究洞穴。几年后，他研究并买下了法国南部的帕蒂雅克洞穴。1898年，爱德华·马特尔开放了帕蒂雅克洞穴，让它成了游客观光之地。此外，他还写下数量众多的洞穴研究文章，使得洞穴学被大众认知。

3000年前的洞穴研究：亚述国王沙尔马纳塞尔三世考察底格里斯河支流发源地的一个钟乳石洞

一位洞穴研究者用绳子把自己吊下竖井通道

常常要忍受潮湿、寒冷和过度的劳累，整日整夜地在黑暗中度过，冻僵的手指还要紧握沾满泥土的绳索。洞穴研究是最具挑战性的冒险活动，但业余爱好者和科学家并肩作战，共同从事着这项严肃而重要的科考工作。

现在，许多洞穴都有专门的研究者俱乐部，比如"德国洞穴和喀斯特研究者联合会""奥地利洞穴研究联合会""瑞士洞穴研究协会"等。会员们探索各自俱乐部所属的洞穴，寻找并精确测量新发现的通道。为了进入无人到达过的地带，他们在缝隙中匍匐前进，攀登峭壁，被吊着进入深不见底的竖井，还要潜入地下水域。"这是由于好奇心的驱动，是为了看见未曾有人看见的，研究连地球探测卫星都难触达的地带。你感觉到你是第一个发现这里的人，

然而直到19世纪，洞穴学都还和迷信紧密相连：人们把洞穴中来自远古世界的骨骼残余物碾碎，然后当作具有治病功效的"麒麟粉"高价卖到药店。

今天谁在勘探洞穴？

直至20世纪初才出现了系统的、科学的洞穴研究。然而即使在今天，绝大部分的洞穴勘探仍是由业余研究者进行的，为此他们通常牺牲了假期和周末的时间。有时为了测量上千米长的通道、竖井，他们

洞穴研究者攀登一个地下瀑布所在地

还从未有人在这里喝过可乐。"洞穴探索者艾玛·弗里肯施泰因这样说道。

一个冰期时代的人类在肖韦洞穴里留下的脚印

许多洞穴研究者探索洞穴是出于自身的工作目的，其实他们已经是某些领域的科学家了，并在自己的领域做出了令人瞩目的成就。

比如，通过研究洞口泥土中的花粉粒，植物学家可以带领我们探访早期的植物世界；微生物学家在洞穴泥中能发现以前不为人知的、非常有趣的微生物；地质学家能从钟乳石的每一圈年轮中推断出过去的气温和降水量；动物学家则可以研究穴居动物的生活习性等。

对考古学家来说，洞穴简直就是天堂。因为这里不容易受到外界干扰，并且气温恒定，古人的骨骼和足迹在这里比其他任何地方都保存得更好。众多的古代工具和艺术品都是从洞穴里挖掘出来的，石器时代的岩壁绘画在洞穴深处保存完好。通过研究洞穴出土物，我们获得了许多有关冰河时期动物世界的信息。

同时，知道地下洞穴的位置，对我们的日常生活非常重要，比如修建重大工程。

几年前，位于美国亚拉巴马州谢尔比县的百威啤酒酿造厂突然消失，因为啤酒酿造厂地下的大洞穴的顶层坍塌了，而之前从没有

有待发现

地球上的洞穴还蕴藏着数不清的秘密，为以后的发现者提供了许多探索空间。一直以来，主要是业余爱好者在推动洞穴学的发展。因此，只有欧洲和北美洲的较大洞穴被部分人熟知。直到近年，探险队才开始探索中美洲、南美洲、亚洲、大洋洲和非洲的洞穴，并获得许多轰动性的重大发现。

洞穴是研究者的天堂：钟乳石显示了过去的气候状况，骨骼残余物能证明灭绝多年的动物的存在，洞穴泥土为那些鲜为人知的、非常有趣的微生物提供了生长场所

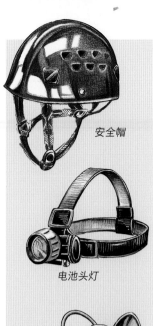

安全帽

电池头灯

电石灯

绳索袋

急救箱

救生毯

人知道这个洞穴的存在。

目前，在许多富含石灰的区域中翻滚的水流，经常被用作饮水源。如果人们掌握了地下水流的准确流向，就能更好地避免污染。

在陆地上，岩洞总会成为垃圾场或是动物尸体的堆放场所。以前，岩洞还被人们用作鼠疫丧命者的公墓。探索者在好几个竖井洞穴里，发现过一堆堆的人体骸骨。

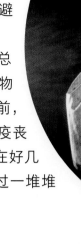

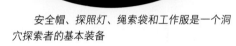

安全帽、探照灯、绳索袋和工作服是一个洞穴探索者的基本装备

哪些基本装备是必需的？

最重要的装备是一件用结实、耐磨的人工材料制作成的工作服。它可以保证探索者在地下通道里匍匐前进时，免受尖利岩石的伤害。在匍匐前进的过程中，护膝也被广泛使用。人们还在腰带上系着随手可用的小件装备。手套可以使手指免受岩石棱角和潮湿的侵害，也使人们攀登时能更好地抓住峭壁。

鞋底带有斜纹的鞋子，可以让人们安稳地行走在滑溜的洞穴泥上，这种鞋子可以完全包裹住脚部，以防脚部受伤——脚部脱臼或者骨折，在洞穴里是十分危险的。

不可避免的是，进行洞穴探索时偶尔会碰到坚硬的洞穴顶部。因此，一顶合适的安全帽必不可少。人们可以在安全帽上安装电池头灯，最好是 LED 灯。与一般的灯相比，它的照明时间长得多。

过去使用的电石灯现在已经开始慢慢退出历史舞台。电石灯除了照明时间长外，还能在必要的时候加热饮用水。在伸手不见五指的洞穴里迷路是非常危险的，因此人们必须始终携带几个备用灯和一些备用电池。

其他的物品和食物全被装进一个结实的绳索袋里，在匍匐前进的过程中，人们可以把整个袋子背在背上。容易受潮的物件，则会被装在防水的容器里。

在急救装备中增加包扎材料、救生毯等是非常必要的，有时还需要带上药片和药膏。

用单绳技术下降和上升：这种竖井勘探方法要求勘探者有专门的设备和过硬的技能。单独一个人去做竖井勘探是非常危险的

还需要什么特殊设备吗？

洞穴探索者的装备种类取决于所要进入的洞穴。进入深深的竖井，与进入灌满水的洞穴所需要的装备是完全不一样的。如果要在洞穴里度过几天，那么事先想好所需装备是十分必要的。

以前，有人可以凭借钢丝绳征服竖井，但是这种方法存在许多缺陷。现在，人们更多地使用"单绳技术"。探索者把一根牢固的安全绳固定在竖井上，就可以顺着安全绳快速、安全地进出竖井了。当然，这样的设备价格不菲。

另外，人们首先必须学习最新的洞穴研究成果，以便正确规划探险之旅。详细的培训和反复训练是必不可少的，没有经过培训的攀岩尝试是会造成生命危险的。

进入有河流的洞穴，必须要配备质量优良的保暖设备，因为这样的洞穴温度一般只有 8 摄氏度左右。通常，探索者需要装备氯丁橡胶合成材料做成的外套，它可以使

胸部吊带

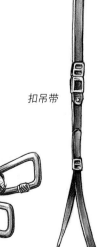

扣吊带

快锁

安全带

安全绳

阿里阿德涅之线是一种年代久远的工具，人们运用它寻找返回洞穴口的路线。它的名字要追溯到一个希腊传说：凭借爱人阿里阿德涅给的线团指引洞口，英雄忒修斯走出了危险的迷宫。

单绳技术中使用的重要装备：

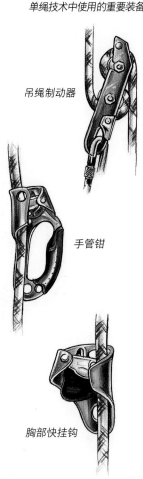

吊绳制动器

手管钳

胸部快挂钩

探索者身处冷水中数小时却仍然保持温暖。同样的材料制作的手套和面具也能提供额外的保护。

防水手电筒也是不可或缺的，而一条叫作"阿里阿德涅之线"的缆绳可以在必要的时候提供安全保护，为探索者指明撤退路径。

在有河流的洞穴中探索可不是轻松的工作。在潜入洞穴的过程中人们有时会遇到存水弯（即一小段路程内，洞穴内的水会触及洞穴顶部），人在水中被水流卷着来回翻转，会产生头昏脑涨、视线模糊等感觉。

这是对体能的极大挑战：探索者经常要在只能勉强容下一人的狭窄通道里匍匐前行

洞穴探险应注意什么？

对地下世界的热情是人们探索洞穴的最重要的原因，当然还有对冒险的渴望。身心上最基本的准备是毅力。

在洞穴中，宽阔的路段基本上很少见，探索者通常要攀登，要在低温的泥浆里或水中爬行。因此，洞穴勘探不适合对狭小空间有畏惧感（幽闭恐惧症）的人。

洞穴勘探，特别是长达几天的勘探工作，是一个体力考验。洞穴勘探也不是一种娱乐活动。漫不经心和自不量力很容易导致事故甚

至死亡。团队精神和适应能力也是非常重要的，因为洞穴探索不是个人活动，而是需要相互扶持的团队合作。

如果你在洞穴中迷路了，这时唯一的办法就是等——待在原地等待救援。没有头绪地胡乱摸索只会为自己带来伤害，而且也无法找到出路。在洞内分散活动时要两人一组，以免灯具损坏时孤立无援。另外，探洞前一定要给探险队的协助组织人员交代具体的时间、地点、方位和大致的出洞时间，以防万一。

怎样绘制洞穴地图？

在细致的勘查后，探索者应该制作一张洞穴地图。洞穴地图与其他地图一样有一定的标志。它会标出洞穴中相互交错的通道、竖井的位置和延伸方向，还标明了各种细节：水沟、钟乳石、低地、岩石堆（从洞穴顶部掉下来的石块堆积物）和洞穴土壤种类等。洞穴地图为之后的勘探活动提供了方便，它对科学勘探尤其重要。

一个测量队一般由三名洞穴勘探者组成。两个人在洞穴中摆放

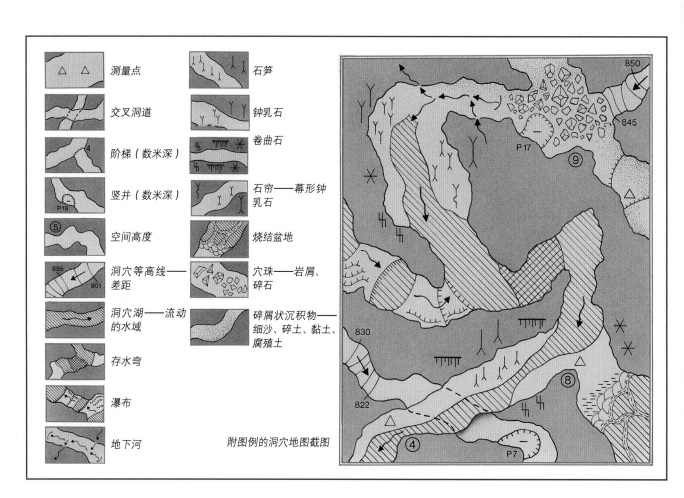

图例	
测量点	石笋
交叉洞道	钟乳石
阶梯（数米深）	卷曲石
竖井（数米深）	石帘——幕形钟乳石
空间高度	烧结盆地
洞穴等高线——差距	穴珠——岩屑、碎石
洞穴湖——流动的水域	碎屑状况积物——细沙、碎土、黏土、腐殖土
存水弯	
瀑布	
地下河	

附图例的洞穴地图截图

测量标尺，测量洞穴的长度、走向和坡度，第三个人负责记录数据。有时还要对钟乳石、大石块或者其他细小部分进行速写。出洞穴后，这些测量值会被专门记录下来，人们可以利用它们绘制洞穴的纵剖面和横截面。同时，计算机在这个过程中能发挥重大作用，它甚至可以制作洞穴立体图。最后，这些文件会被记录归档，做成"洞穴地籍册"。

探险者正在测量一个洞穴

洞穴测量手工工具：

防水记事本

卷尺

倾角仪

罗盘

洞穴潜水艇

在一次潜水意外后，世界著名的洞穴潜水员约亨·哈森迈尔不幸半身不遂。但是，他没有终止潜水，而是设计了一个单座的微型潜水艇，专门用于勘探水下洞穴。这个名叫"洞穴潜水艇"的微型潜水艇只有2.5米长、72厘米宽。它可以支持连续9

约亨·哈森迈尔在"洞穴潜水艇"内

个小时的水下工作。它在蓝潭中的探索活动使它举世闻名，在那里，它深入探索了水下1800米的距离。

洞穴潜水员使用水下踏板车作为代步机

有洞穴潜水员吗？

平常的洞穴探险装备只能满足一般洞穴的勘探需求。一旦洞穴通道太深，就会有大段路段灌满水。这时，洞穴潜水员该出场了。勘探充满水的洞穴（水下洞穴）是非常刺激和危险的。最受他们欢迎的勘探目标，是丰泰日沃克吕兹（位于法国南部）和墨西哥的天然井，后者有玛雅人早先扔进去的祭祀品。

人们挺进水下洞穴，深入到一定距离后，才能到达另一片干燥的地段。比如，法国潜水员在考斯特洞穴发现了石器时代的绘画，这个洞穴的入口是在海平面以下的。

原则上，洞穴潜水和一般潜水类似。洞穴潜水员也要穿上由氯丁橡胶做成的防护外套，带上呼吸装备、脚蹼和潜水眼镜。一个明显的区别是：他们手中的装备数量是一般潜水所需装备的两倍甚至更

多。事故数据表明，洞穴潜水比自由水域潜水危险得多，洞穴潜水员不得不准备得更加充分。

身处灌水通道中的洞穴潜水员一旦陷入困境，是无法浮出水面的。他通常处于离地面几百米深的泥水中，可能需要花费几小时寻找回路，这还要求他有足够的体力。目前，已经有数百位洞穴潜水员为他们热爱的事业付出了生命。

法国南部的丰泰日沃克吕兹有300多米深。潜水员需要花费很长的时间才能潜入这种洞穴。他们只能慢慢地浮出水面，否则就会出现令人害怕的潜水综合征。此外，水下洞穴中扬起的泥浆也常常会给潜水员造成困扰。

探险潜水队的远征

我们的团队和装备

我们的探险潜水队成立于1998年。我们擅长探索洞穴和废弃船只。此外，我们还喜欢进入从没有人到过的地区。在德国，我们的队员除了安德鲁·维斯、埃克·米勒和拉尔夫·哈斯林，还有摄影师威尔刚·温习特、菲力·皮亚达和我。

我们的队员在操作摄像机器人

丰泰日沃克吕兹的潭底

探险开始

终于等到了这一天！我们为这次行动准备了一年多。现在，我们就站在法国南部丰泰日沃克吕兹洞穴旁边。它以308米的深度成为世界第二深的淡水洞穴。这次探险的目标是从洞穴140米深的地方开始，测量出后面部分的范围和走向。我们已经忘记了最后几个月的劳累：在大量不同深度的训练通道中进行数不清的换气、敷设绳索、紧急情况演练，还要评估数据以及学习丰泰日沃克吕兹的历史。在我们的团队花费三天时间做完最后的准备工作的同时，我们的摄影机器人也已经走上工作岗位。我们储备了许多淡水，还为洞穴勘探和回程储备了不同的压缩空气。

安全和准备

今天，埃克和拉尔夫将潜入160米的深度。威尔刚和我则会带着摄像机陪他们到接近100米的深度。我们都相当紧张。这样的深度要求精确的计划和周密的准备，一切都要有把握。不但要每个人的身体状态良好，而且所有的设备也要运行正常。在陆地上的最后几分钟，我们把潜水过程在大脑里过了一遍，并把所有设备最后检查了一遍。待会儿，所有的操作都将在水中进行。

即将下水的菲力和威尔刚

潜入地下深处

威尔刚和我先下水。过了一会儿，埃克和拉尔夫也跟了过来。我们一起往下潜。只片刻工夫，我们就清楚了整个溶洞的规模。头灯发射出来的光束

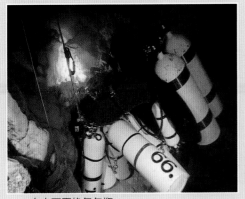
在水下更换氧气瓶

勘测古罗马钱币的位置

几乎无法照清对面的岩壁，尽管它的光线已经很强烈了。又过了一会儿，我们到达了第一处物资堆积点，在这里我们更换了氧气瓶。尽管一切正常，我们还是不停地通过手势和灯光信号交流信息。我们四个像宇航员一样漂浮着进入溶洞内部。几分钟后，我们来到了一块位于水下约100米的平地。在这里，我们和埃克、拉尔夫道别。我们握着摄像机，看着他们两人消失在洞穴深处。

们才能重返水面，呼吸到新鲜的空气。在返回地面的过程中，我们会利用减压的时间进行勘察。留足够的时间给身体适应压力变小的过程，这对深度潜水来说是必不可少的。因为在下潜的时候，由于环境压力增大，气体会更多地溶入血液里，如果上浮速度过快，溶在血液中的气体会形成气泡，对人体产生伤害。

我们猜测，丰泰日沃克吕兹是古罗马人的许愿井，所以他们往里面扔下了许多钱币。几个世纪以来，这些钱币已经在岩缝中被烘干了。

减压

在重回水面之前，我们会奖励自己一分钟欣赏洞穴的美景，观察表面非常光滑的岩石和外形丰富的岩脉。还要花两个多小时，我

水下研究

在30米深的地方，我们勘测了那里的古罗马时期钱币的精确位置。我们的潜水员在一年前发现了它们。1600多枚金的、银的、铜的钱币被陆续发掘出来。

丰泰日沃克吕兹的横断面：
洞穴一直延伸到308米的深度，这是
1989年由一个摄像机器人推进的距离

返回地面

当威尔刚和我返回到水面时，剩下的队员正通过与摄影机器人相连的监视器观察水下情况，也就是埃克和拉尔夫到达的160米深度的情况。拉尔夫向镜头做了个OK的手势，我们知道，他们两人也准备返回水面了。他们会在我们之后的一段时间到达洞口。

所有人一边在大本营里等他们两人，一边观看我们从水下带回的摄像。五个小时后，埃克和拉尔夫的身体露出水面，我们终于松了一口气，感到无比兴奋。这次潜水活动圆满结束。晚上，我们将为今天的成果小小地庆祝一番。明天，我们将评估这些新获得的信息。也许，丰泰日沃克吕兹的地图将被改变。

+10m
0m
-10m
-20m
-30m
-40m
-50m
-60m
-70m
-80m
-90m
-100m
-110m
-120m
-130m
-140m
-150m
-160m
-170m
-180m
-190m
-200m
-210m
-220m
-230m
-240m
-250m
-260m
-270m
-280m
-290m
-300m
-310m

通过吹鼓起的塑料袋观察洞穴风

在洞穴中行走会有危险吗?

探险者进入洞穴,绝不能只带手电筒和运动鞋,因为稍有不慎,探险者就可能会死亡。探险者最好能加入一个洞穴俱乐部,在经验丰富的同伴陪同下开始探险之旅,他们都有多年的探险经历,并且非常熟悉那些洞穴。探险团队最少应该由三个人组成:当一个人遭遇紧急情况,另一个人可以提供帮助,第三个人可以照顾受伤者。

合适的装备对探险十分重要。首先,照明设备必须便于携带。其次,充足的能源供给和热饮料也不可或缺。最后,人们在选择行囊时应该考虑周到,如果探险者深入洞穴几百米后才发觉漏掉了重要物品,这时往往为时已晚。高估个人的能力也是危险的。体力透支或体温过低容易导致事故发生。在前进的过程中,探险者应

该时时清楚,他要有足够的物资和体力返回洞口。

如果探险者要在洞穴中,特别是在充满水的洞穴中行走,那就要事先留意天气状况。探险者在洞中时可能不知道地面上的一场倾盆大雨,或者突然发生的冰雪融化,会让洞穴河水的水位上涨得多快。那时,河水会淹没洞穴中地势低的部分,切断探险者的回路。不过幸运的话,探险者可以先转移到地势较高的干燥地段,耐心等待救援。

一般的手机和无线电设备无法在洞穴中工作,自设无线电接收信息也几乎不可能。人们只能指望一个信得过的人,进洞之前告诉他这次洞穴探险的前进方向和预计的返回时间,最好还给他留下当地洞穴救援机构的电话号码。

洞穴风

有人担心在洞穴中会窒息。事实上,二氧化碳有时的确会切断氧气进入洞穴的通路。但是这种情况只发生在火山地区的洞穴中,因为它们的空气供给都来自地面。而大部分洞穴的空气的供给都是充足的,因为洞穴有不同的出口,外界空气的温度变化会为洞穴提供充足的通风——也就是"洞穴风"。

洞穴救援

许多地区有洞穴救援队,通过拨打电话就可以向他们请求急救服务。救援队由经验丰富的洞穴探险人员组成,这些人会定期接受救援培训,他们也熟悉当地洞穴的情况。

此外,探险者还可以利用必要的特殊装备,比如洞穴无线电设备、救生衣、竖井遇难打捞装备、供体温过低者使用的热帐篷和暖手器、医疗器械,以及一个包含毯子、自动加热食物、急救材料和照明替代品的便利"自我供给包"。

救援措施要视事故种类而定。人们通常是让

对受伤者实施救助

洞穴搜索队寻找在洞穴中迷路的游客或探险人员。事故中往往会有骨折现象的发生,比如当发生坍塌时。多数情况下,伤者在受到惊吓和长时间平躺后体温会下降。这时,事故发生地就急需一名医生照顾伤者。

人们还会利用特殊救生衣救出伤者。从竖井中救出伤者比较复杂,这种情况往往先要安置绳索。

如果伤者被困在水中,洞穴救援潜水员会先尝试接近他们,并向他们输送食物、衣服等用品。大多数时候,他们不得不在洞穴中留守几天。直到水位下降以后,救援人员才能蹚过水流去解救遇难者。

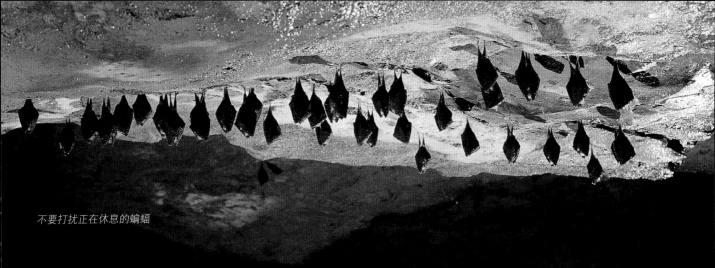
不要打扰正在休息的蝙蝠

为什么必须保护洞穴？

洞穴中的自然生态十分敏感。地面世界的生态规则并不适用于地下世界：这里的生物在与外界隔绝的环境下艰难地生存着，因为洞穴只能清除少量的废渣；钟乳石需要几千年才能形成；垃圾在洞穴里，比在阳光下腐烂起来要慢得多。

但是，现在有大量的危险威胁着这个地下世界。有毒化学物质常常在无意间侵入洞穴而破坏了里面的生物圈。有的洞穴游客的行为也十分不文明：他们弄脏地下通道，在墙壁上乱涂乱画，还点燃火把污染洞穴空气，有人甚至不顾禁令掰断钟乳石带回家（钟乳石离开洞穴后会很快失去光泽，然后变成一块普通的石灰石，最后只得被扔进垃圾堆）。所以，许多洞穴协会被迫关闭他们的洞穴，谢绝参观。特别是有蝙蝠生活的洞穴，这些动物在冬眠的时候不应该被打扰。所以，每年的 11 月 15 日到次年的 4 月 15 日，这些洞穴会被关闭。

洞穴旅游者应该遵守的探险原则是：除了照片和你们的回忆，什么都不要拿走！除了脚印，什么都不要留下！

洞穴气候

在观光洞中，电灯以及成千上万的参观者的呼吸和体温，会改变洞穴内的气候和生态环境。拉斯科岩洞就是一个例子。在迎接了许多游客后，霉菌和藻类开始在壁画上繁殖开来。之前这些壁画历经几千年都完好无损，现在却在短短几年间就被毁坏了，只有通过化学方法才能保存好它们，当然，还要关闭洞穴。1965 年，这个洞穴被关闭了，成了一座谢绝参观的博物馆。

遭到恶意损坏的钟乳石

没有危险的洞穴

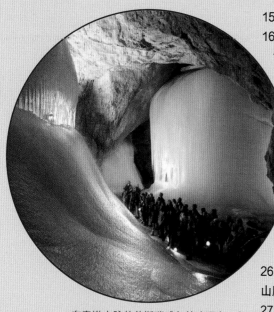

在泰嫩山脉的艾斯瑞威尔特冰洞中，有许多古人扔在里面的祭品

如果你想享受不用在泥浆中匍匐前进、没有危险悬崖的地下世界，那你可以参观观光洞穴。观光洞穴里面有拓宽的道路，并装备了电灯。因此，参观者完全不用担心安全问题。有时，观光洞穴中还配备有"洞穴博物馆"。

德 国

1. 石灰岩山洞（巴特泽格贝格）
2. 西纳特洞穴（黑森州奥尔登多夫/兰根）
3. 易贝尔格溶洞（巴特恭尔德）
4. 独角兽洞穴（赫尔茨贝格－夏兹菲尔德）
5. 鲍曼斯洞（吕伯兰）
6. 赫尔曼斯洞（吕伯兰）
7. 海姆谷（乌弗特隆恩）
8. 巴巴罗萨洞穴（吕伯兰）
9. 比尔施泰因洞穴（瓦尔施泰因）
10. 雷肯洞穴（巴尔乌/比洛棱）
11. 巴尔乌洞穴（巴尔乌）
12. 亨利洞穴（赫梅尔松德维西）
13. 德兴洞穴（奥斯陆－必达）
14. 库尔特洞穴（恩内培塔）

15. 阿塔洞穴（阿滕多恩）
16. 阿格尔塔洞穴（伦德沃特）
17. 威尔溶洞（威尔）
18. 莱希特韦斯（韦斯巴登）
19. 魔鬼洞穴（施泰劳河畔大街）
20. 库巴赫结晶洞穴（威尔山－库巴赫）
21. 老洞施泰纳（西维纳）
22. 希特斯塔洞穴（希特斯塔）
23. 丁史特喀斯特洞穴（鲁姆塔丁史特）
24. 戈茨洞穴（麦林根）
25. 达亨洞穴（苏劳）
26. 尼达特村溶洞（雷林根－思尔思山脉尼达特村）
27. 埃贝尔施塔特溶洞（布亨－埃贝尔市）
28. 冰洞（马克魏森塔－施泰山）
29. 苏菲洞（怀施恩菲尔德）
30. 魔鬼洞洞穴（波腾施泰因）
31. 马克西斯米利安岩洞（诺伊豪斯/佩格尼茨）
32. 奥斯特洞穴（诺伊基尔兴山，苏尔次巴赫－罗森贝格）
33. 奥拓国王洞穴（费尔堡）
34. 舒勒大洞（厄森－欧贝尔奥）
35. 夏洛特洞穴（金根/忽尔本）
36. 莱兴格深洞（莱兴根）
37. 奥尔格洞穴（列支敦士登－霍劳）
38. 雷贝尔洞穴（索棱比尔/根金根）
39. 熊洞（松讷比尔－厄尔普芬根）
40. 谢特斯洞穴（维斯特海姆）
41. 松泰梅尔洞穴（赫尔德斯特－松特海姆）
42. 登堡洞穴（古藤贝格）
43. 古斯曼洞穴（古藤贝格）
44. 维姆森尔洞穴（哈英根－维姆森）
45. 茨威发腾多尔夫溶洞（茨威发腾多尔夫）
46. 科尔宾根溶洞（科尔宾根）

位于吕伯兰的巴巴罗萨洞穴

47. 查姆洞穴（莱茵费尔登/瑞德马特）
48. 厄尔德曼洞穴（柯林根）
49. 齐阿姆贝洞穴（莱茵菲尔德/雷德马特）
50. 施图曼斯洞穴（奥伯麦热斯施泰因）
51. 斜楞山冰洞（马克斜楞山）

瑞 士

52. 汝拉洞穴（汝拉州）
53. 汝拉山谷地下磨坊（力洛克）
54. 瓦洛尔伯溶洞（瓦洛尔伯）
55. 斯特贝阿图斯洞穴（松德劳恩）
56. 童话溶洞（圣莫里斯）
57. 地下隧道（圣列奥纳兹）

位于图恩湖畔松德劳恩的斯特贝阿图斯洞穴

58. 霍尔洞（巴尔）
59. 霍洛赫（木塔塔）
60. 科贝尔森林结晶洞穴（欧贝尔特）
61. 杰内罗索山熊洞（卡波拉高）

奥地利

62. 阿兰德溶洞（阿兰德）
63. 尼克斯洞穴（法兰克菲尔斯）
64. 奥切尔溶洞（嘎明）
65. 艾霍恩洞穴（德莱斯特腾）
66. 艾森斯坦洞穴（巴德菲肖布恩）
67. 霍赫卡竖井（戈斯特林/伊布斯）
68. 海曼斯洞穴（威赫瑟克里希山）
69. 噶瑟尔溶洞（艾本湖）
70. 科本布勒洞穴（欧贝尔陶）

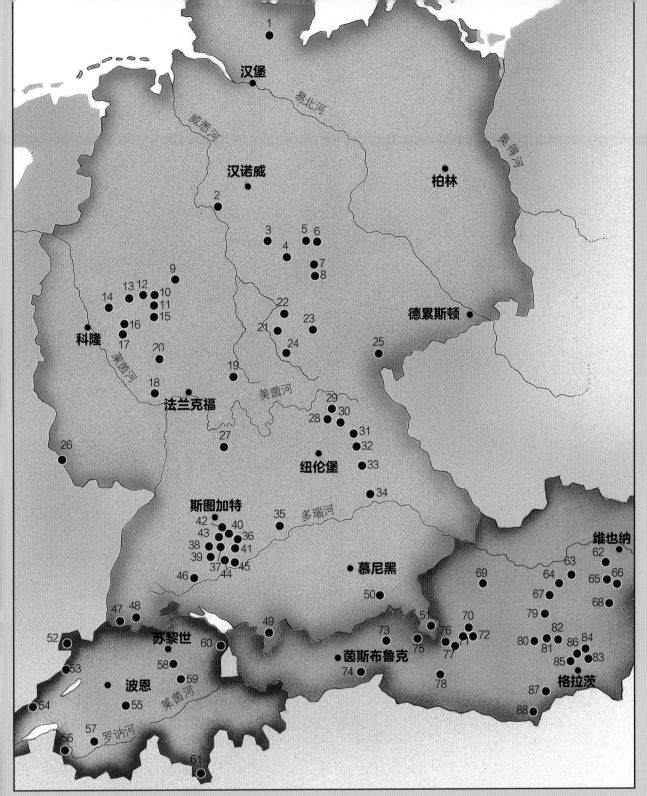

汉堡
汉诺威
柏林
德累斯顿
科隆
法兰克福
纽伦堡
斯图加特
慕尼黑
维也纳
苏黎世
茵斯布鲁克
波恩
格拉茨

易北河
威悉河
奥得河
莱茵河
美茵河
多瑙河
莱茵河
罗讷河

溶斗是典型的喀斯特地貌

术语表

活动洞穴中有水流穿过，它的地貌也因此不断改变。

露营是进入洞穴过程中暂时使用的宿营地。

浪蚀洞穴是陡峭的海岸受到海浪侵蚀后形成的。

溶斗是指一种漏斗状近圆形或椭圆形的封闭洼地，通常是由地表水沿岩石裂隙不断溶蚀，或者地下溶洞洞顶坍塌而形成的。

贯穿洞穴至少有两个洞穴入口，如果这些入口位于不同的高度，通常还会引起强烈的洞穴风。

冰川洞穴是由于冰川融化而形成的。在冰川洞穴中经常有流淌的冰川融水。

洞穴地籍册是一种档案，里面记载有某一地区洞穴的所有信息。

洞穴泥中通常含有丰富的矿物质。

穴珠通常是在地下溶洞的滴水坑中形成的，是一种具有同心圆结构的球状碳酸钙沉积物。

间歇泉是一种只在雨水充足的年份才涌出的喷泉。

洞穴中的露营

凝灰岩是一种火山碎屑岩，成分主要是火山灰。

方解石是一种天然的碳酸钙矿物。

碳酸钙是一种无机化合物，石灰石、大理石等物质中的主要成分就是碳酸钙。

电石灯是一种通过碳化钙与水的化学反应形成乙炔后发光的照明工具。根据燃料的数量情况，它可以燃烧4至10小时，在燃烧过程中会发出耀眼的热光。

喀斯特不仅是斯洛文尼亚和克罗地亚地区的山脉，还是一种地貌的名称。

喀斯特现象是人们对一种典型喀斯特地貌的指称。它在地上由石灰岩盆地、溶斗、渗水坑和喀斯特喷泉组成，在地下主要由洞穴组成。

喀斯特喷泉指位于喀斯特地区的

地下水流，它常年以每秒几千升的流量喷射。

二氧化碳是一种在常温下无色无味无臭的气体，可以溶解在水中形成碳酸。石灰在弱酸性的碳酸水中的溶解量比在纯水中的溶解量大25倍。石灰岩地区的喀斯特现象普遍是通过这种化学反应产生的。

灯光植物包括藻类、苔藓和蕨类植物，它们可以在有电灯照射的观光洞穴中生长。

熔岩洞是由于炽热的熔岩河的流动而产生的。

"通心粉"钟乳石（又称钟乳管）是指一种倒挂在洞穴顶部、状似通心粉的钟乳石。

石灰海绵（又称山乳）是一种糊状的石灰团，经常出现在洞穴中。

坡立谷是指喀斯特地区宽阔而平坦的谷地，这里的雨水一般会渗入地下岩石缝隙，如遇冰雪融化时，岩石缝隙不能完全吸收水流，此时地面就会形成一个短暂的坡立谷湖泊。斯洛文尼亚喀斯特地区的斯科扬茨克湖就是著名的坡立谷湖泊。

天坑是人们对喀斯特地区渗水坑的形象称呼。河流流经天坑，有时整条河流会通过天坑流入地下而渐渐消失。

原生洞穴是随同周围岩石的形成一起发育的洞穴。

潭底是喀斯特地区对喀斯特源泉的另一个名称，类似于德国的蓝潭或阿赫泉。

竖井是一种垂直通向地下的井状通道。

竖井洞穴是指通道像井一样垂直于地面的洞穴。

狭窄洞穴是指通道低矮、只能匍匐前进的洞穴。

天坑

渗水坑是天坑的另一个名称。

次生洞穴是指在周围岩石形成后产生的洞穴。比如：喀斯特洞穴、浪蚀洞穴、风蚀洞穴。

泉华是指溶解有矿物质和矿物盐的水在岩石裂隙或地表面上形成的化学沉淀物。在洞穴中，它们可能会形成钟乳石、穴珠和石帘。

存水弯是指洞穴里一段灌满了水的通道。

洞穴学是关于洞穴研究的专业学科。相关学者被称为洞穴学家。

钟乳石是指特定地质条件下在洞穴内形成的一种碳酸钙沉淀物，包括石柱、石笋等。

石笋是生长在溶洞地面上的钟乳石。

洞穴动物喜欢在洞穴中生活，但是也会定期离开洞穴。比如蝙蝠等。

穴居动物是真正的洞穴动物，它们一生都在黑暗中度过，而且它们大部分都没有视力。典型的穴居动物有盲螈等。

荧光素钠是一种黄绿色的颜料，以一定的比例稀释后，可用于地下河床的研究。

岩石堆是由洞穴顶部掉落下来的大岩石块聚集在一起而形成的。

风蚀洞穴是风沙长年侵蚀质地较软的岩石而形成的洞穴。

通心粉状的钟乳石

洞穴纪录

关于洞穴的记录向我们展示了鲜为人知的地下世界。当然这些数据只是暂时性的，但它们反映了2007年10月以来的科学发展水平。许多洞穴并没有被完全勘测，它们的长度和宽度的数值可能会在以后的研究中继续增加。此外，洞穴勘探者会不断发现和探测到新的洞穴。这些洞穴位于偏远的山区。有些被发现的洞穴容量巨大。在未来的数年里，我们还会收获更多的惊喜。

奥博斯特多夫山位于巴伐利亚州，目前是德国最长的洞穴，它的已知通道长度是9700米。

作为奥地利和整个欧盟地区最长的的洞穴，勋伯格洞穴位于萨尔茨堡市东南120千米的托特山区。

作为瑞士最长的洞穴，木塔塔区的霍洛赫洞穴的已知长度为200千米（预测长度达1000千米）。

世界上最长的洞穴是位于美国肯塔基州的猛犸洞穴。目前据报告它的长度是大约590千米。人们还发现了一个连接通道，打通通道，这个长度还可以增加。

库鲁伯亚拉洞穴位于美国佐治亚州境内，是世界上最深（最高点和最低点之差）的洞穴，它的深度超过2170米。

斯洛文尼亚卢科格拉维克的竖井洞穴深度为603米，可能是世界上最长的垂直洞穴。

世界上最大的地下空穴叫沙捞越穴，是马来西亚的一个洞穴。它大约有600米长、400米宽、100米高。

世界上最长的水下洞穴是位于墨西哥尤卡坦省的奥克斯贝尔哈地下水道。它虽然只有大约33米深，长度却超过了145千米，穴内充满淡水。在这个地区还有多个类似的大洞穴。

加州圣塔克鲁斯岛的画岩洞穴是世界上最长的海洋洞穴，大约有402米的长度。

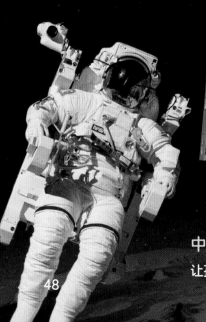